高等职业教育汽车类专业校企合作“互联网+”创新型教材
智能网联汽车技术专业

单片机控制技术
——基于 Arduino 平台的项目式教程

任 务 工 单

姓　　名________________________
专　　业________________________
班　　级________________________
任课教师________________________

________年______月~________年______月

任务工单 1　Arduino 平台的认识

1. 学完 1. 1 节后，上网搜索感兴趣的 Arduino 作品，并将相关信息记录在下表。

序号	作 品 名 称	功能和作用
1		
2		
3		
4		
5		

2. 学完 1. 3. 1 节后，从电子商务网站搜索常见的一些 Arduino 控制器，将其主要型号参数和价格区间记录在下表。

序号	控制板名称	主要技术参数	价格区间
1	Arduino UNO		官方板： 复制板：
2	Arduino MEGA 2560		
3	Arduino Nano Arduino Mini Arduino Lilypad		
4	Arduino 101		
5	Arduino DUE		

3. 学完 1.3.2 节后，从电子商务网站搜索常用的一些扩展硬件，将名称、主要功能及价格区间记录在下表。

序号	扩展硬件名称	主要功能或相关技术参数	价 格 区 间
1			
2			
3			
4			
5			
6			
7			
8			
9			
10			

4. 学完 1.3.3 节后，在下图中将 Arduino UNO 控制板的主要组成部件名称填在对应位置。

5. 学完 1.3.3 节后，在自己的计算机上安装好 Arduino UNO 控制板相应的驱动程序，并将安装步骤简单记录在下面。

任务工单 2　图形化编程入门

1. 学完 2.1 节后，从米思齐官网（爱上米思齐，http://mixly.org）获取米思齐图像化编程软件，并解压缩到计算机合适的位置中。请将获取和安装软件的步骤简要记录在下面。

2. 学完 2.2 节后，将米思齐软件主界面各区域的名称标注在下图对应位置。

3. 请按照任务 2.1 相关步骤说明如何上传第一个控制程序，实现板载“L”灯常亮，然后将你的操作步骤简单记录如下。

4. 学完任务 2.2 后，编写一个图像化控制程序，使板载“L”灯以 0.1s 的间隔时间闪烁。将程序关键点记录如下。

5. 学完任务 2.3 后，设置一个变量指代管脚编号，尝试编程控制正极连接端子 12 的发光二极管闪烁。

6. 学完 2.5 节后，将示例最后一行修改为“

”，然后打开串口监视器观察显示情况。

7. 学完任务 2.6 后，试着使用下图这种更改设置后的“如果执行”模块修改示例程序的控制指令，以实现同样的闪烁效果。

8. 学完任务 2.7 后，若将重复条件中的“满足条件”修改为“不满足条件”，尝试调整示例程序的控制指令，以实现同样的闪烁效果。

9. 学完任务 2.8 后，若将步进初始值设为“0”，目标值设为“10”，遍历步长为“1”，尝试修改示例程序的控制指令，以实现同样的闪烁效果。

任务工单3　Arduino 文本编程入门

1. 按照 3.1 节的步骤，上传一个文本代码程序，控制板载“L”灯常亮，并将你自己的操作步骤简单记录在下面。

2. 学完 3.2 节后，请将 Arduino IDE 编辑界面各区域名称填在下图相应位置。

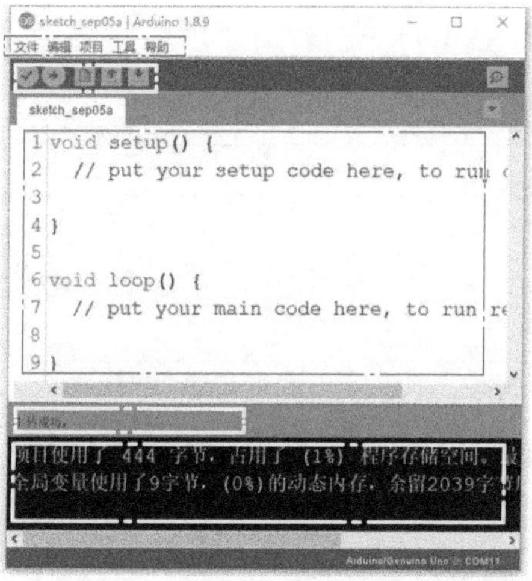

3. 学完 3.2 节后，请根据记忆，完善下表。

序号	图　标	按键名称	功　能
1			
2			
3			
4			

（续）

序号	图　标	按键名称	功　能
5			
6			

4. 学完 3.4 节后，修改示例代码，控制闪烁间歇时间为 500ms，并简要描述程序运行步骤。

5. 学完任务 3.2 后，请根据记忆，完善下表。

数据类型	说　明
int	
unsigned int	
boolean	
char	
float	
byte	

6. 学完任务 3.3 后，请根据记忆，完善下表。

符号	描　述	示　例	示例返回结果
=		a=2	
+		1+2	
-		2-1	
*		2 * 3	
/		6/2	
%		7%2	

（续）

符号	描　述	示　例	示例返回结果
++		i++等效于 i=i+1	
--		i--等效于 i=i-1	
+=		i+=2 等效于 i=i+2	
-=		i-=2 等效于 i=i-2	

7. 学完 3.6 节后，将示例代码中语句“Serial.begin（9600）”修改为“Serial.begin（19200）”，请问串口监视器中应如何设置才能正确显示数值。

任务工单4　Arduino 的输入与输出

1. 学完 4.1 节后，请根据记忆，完善下表。

符号	描　述	示　例	示例返回结果
<		1<2 2<2	
<=		2<=2 2<=3	
>		2>1 2>2	
>=		2>=2 3>=2	
==		2==2 1==2	
！=		2！=2 1！=2	
&&		2==2 && 1==2 3==3 && 2==2	
||		2==2 || 1==2 3==3 || 2==2	

2. 学完 4.2 节后，请根据下图将一个按钮开关连接 Arduino UNO 控制板，编写文本代码，实现每次按下开关，都改变一次“L”灯的亮灭状态（即第一次按下开关，“L”灯亮；第二次按下开关，“L”灯灭；第三次按下开关，“L”灯亮……）。

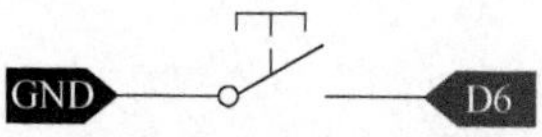

3. 学完任务 4.6 后，修改第 8 行和第 12 行代码中的延时时长，将其调整到呼吸效果最佳状态，并将其值记录在下面。

4. 学完任务 4.8 后，尝试不使用 map 函数实现示例同样的效果。

任务工单 5 Arduino 编程语言进阶

1. 学完 5.1 节后，继续使用示例电路连接，完善代码，控制数码管循环显示数字 0~9。

2. 学完 5.2 节后，继续使用示例电路连接，完善代码（使用子函数），控制数码管循环显示数字 0~9。

3. 学完 5.3 节后，继续使用示例电路连接，完善代码（使用一维数组），控制数码管循环显示数字 0~9。

4. 学完任务 5.7 后，修改示例代码，控制数码管逆序循环显示数字 0~9。

5. 爱国是一个公民起码的道德，也是中华民族的优良传统。学完任务 5.8 后，修改示例代码，控制点阵显示“爱中国”拼音首字母，显示效果如下图所示。

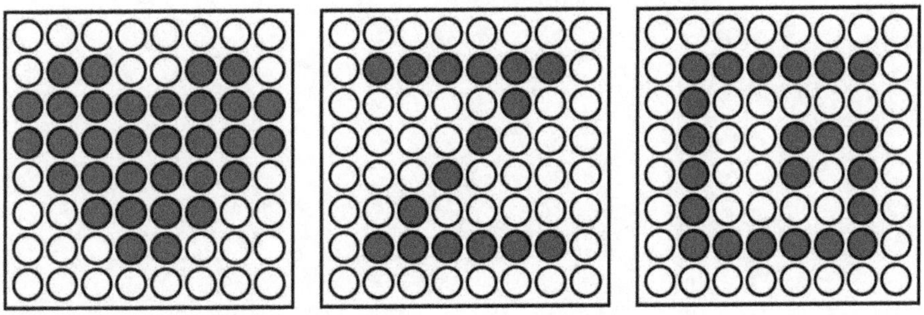

6. 学完任务 5.9 后，修改示例代码，实现交替点亮相邻发光二极管的效果（即先设置 Q0、Q2、Q4、Q6 高电位，持续 1s 后拉低，接着将 Q1、Q3、Q5、Q7 设置为高电位 1s，如此循环）。

7. 学完任务 5.10 后，修改示例代码，实现如下效果：首先从左往右逐个点亮发光二极管，然后从右往左逐个点亮发光二极管，接着再从左往右，如此反复循环。

任务工单6　串行通信的实现

1. 学完 6.1 节后，按下图示意连接电路，使用串行通信控制流水灯的流动速度（即通过串口监视器输入延时时长来控制流水灯的流动速度）。

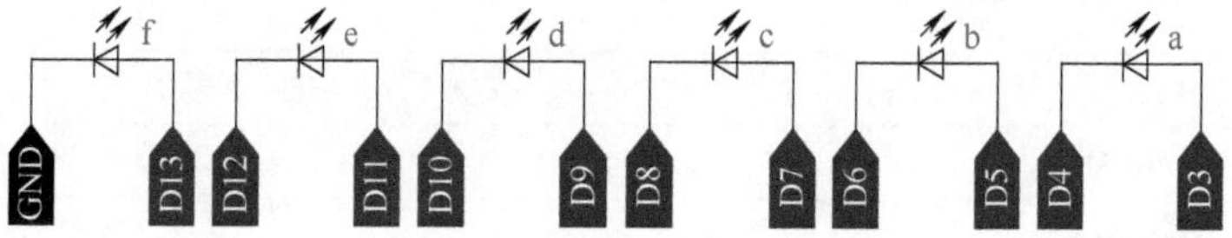

2. 学完 6.2 节后，修改示例代码，实现主、从设备板载“L”灯同时以间歇时长 0.5s 的频率同时亮灭的效果。

3. 学完 6.3 节后，修改示例代码，实现与主、从设备连接的按钮点动切换对方所连接的发光二极管亮灭状态的效果。

任务工单 7　泊车辅助系统的设计

1. 学完 7.1 节后，制作一个支架固定传感器并修改示例代码，实现测量身高的效果。

2. 学完 7.1 节后，请根据记忆，完善下表。

序号	库文件名称	主要功能
1	EEPROM	
2	Ethernet	
3	Firmata	
4	LiquidCrystal	
5	SD	
6	Servo	
7	SPI	
8	SoftwareSerial	
9	Stepper	
10	WiFi	
11	Wire	
12	PWM Frequency Library	

3. 学完 7.2 节后，请根据记忆，完善下表。

端子编号	1	2	3	4	5	6	7	8
符号	VSS	VDD	V0	RS	RW	E	D0	D1
说明								
端子编号	9	10	11	12	13	14	15	16
符号	D2	D3	D4	D5	D6	D7	A	K
说明								

4. 学完 7.2 节后，修改示例代码，实现在液晶显示模块的第一行用拼音的方式来回滚动显示“中国梦需要我们齐努力!”。

5. 学完 7.3 节后，编写代码，让蜂鸣器播放一首简单的音乐。

任务工单 8　车载空调智能通风系统的设计

1. 学完 8.1 节后，编写代码，实现在串口监视器中显示两个 Dht11 温湿度传感模块分别检测到的温度和湿度数据。(提示：创建两个不同名称的对象)

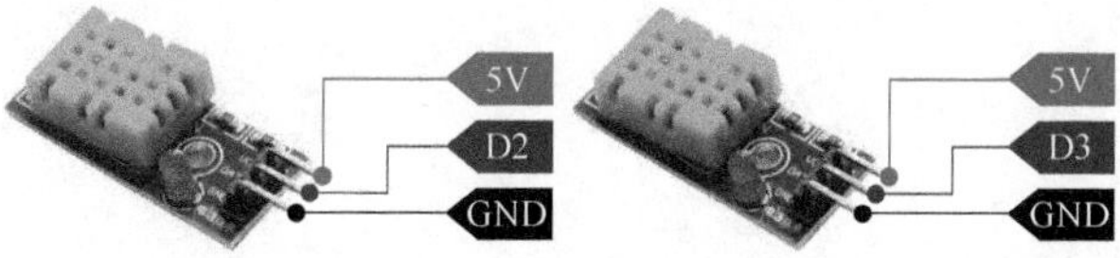

2. 学完 8.2 节后，按下图连接电路，然后编写代码实现用可调电阻控制舵机在 0°~180°范围内旋转。

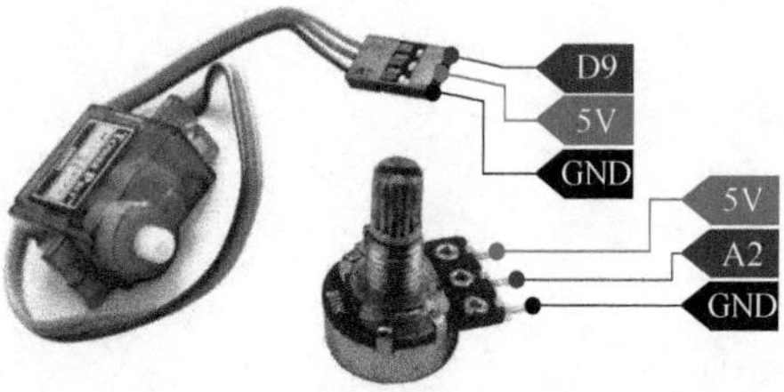

3. 学完 8.3 节后，按下图连接电路，然后编写代码实现用串口监视器输入字符控制鼓风机风扇的转速和旋转方向（如“Z120”表示正转，控制电动机的 PWM 值为 120；“F200”表示反转，控制电动机的 PWM 值为 200)。

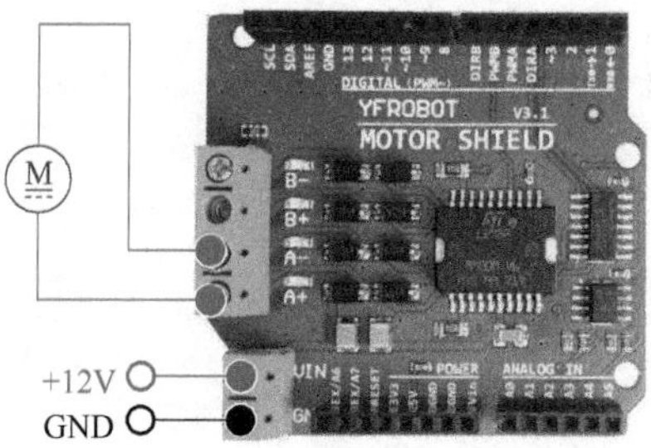

4. 学完 8.4 节后，按下图连接电路，然后编写代码实现用红外遥控器不同按键分别控

制各个发光二极管的亮灭（第一次按键点亮发光二极管，第二次按下同一个按键熄灭发光二极管）。

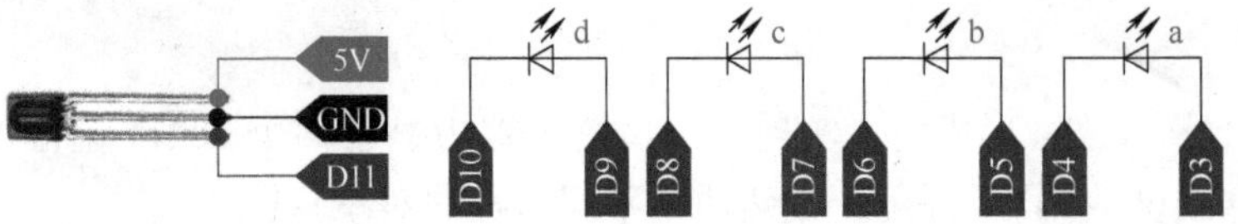

机工教育微信服务号
ISBN 978-7-111-67263-0
策划编辑◎蓝伙金 / 封面设计◎严娅萍
ISBN 978-7-111-67263-0
9 787111 672630 >
定价：49. 80 元